Silvio Haase

Fahrerassistenz: Fußgängererkennung - Ein Überblick

Bibliografische Information der Deutschen Nationalbibliothek:

Die Deutsche Bibliothek verzeichnet diese Publikation in der Deutschen National-
bibliografie; detaillierte bibliografische Daten sind im Internet über http://dnb.d-
nb.de/ abrufbar.

Impressum:

Copyright © 2011 GRIN Verlag GmbH
Druck und Bindung: Books on Demand GmbH, Norderstedt Germany
ISBN: 978-3-656-34833-7

Dieses Buch bei GRIN:

http://www.grin.com/de/e-book/207397/fahrerassistenz-fussgaengererkennung-
ein-ueberblick

Interdisziplinäre Studienanteile
Aufbau und Produktion von Kraftfahrzeugen

Trimester: Herbsttrimester 2011 / Wintertrimester 2012

Fahrerassistenz: Fußgängererkennung

Silvio Haase

2. Trimester, Bildungs- und Erziehungswissenschaften
Wahlpflichtfach 1:   Berufsbildung
Wahlpflichtfach 2:   Beratungspsychologie

Gliederung:

1.   Was ist Fahrerassistenz?

Pedestrian Detection. So nennt sich ein aktives Sicherheitssystem des Automobilherstellers Volvo. Übersetzt man diese Wörter ins Deutsche, so erkennt man den Hintergrund des Systems. Die Erkennung von Fußgängern soll hier näher beleuchtet werden. Dabei soll es um den Aufbau des Fahrerassistenzsystems gehen, die Komponenten näher beleuchtet und der Ablauf des Erkennungsprozesses erläutert werden. Bevor man sich jedoch damit auseinandersetzt, ist es von Nöten, das System einzuordnen.

Das Sicherheitssystem zur Erkennung von Passanten ist als ein Fahrerassistenzsystem zu verstehen. Täglich hört oder liest man eben dieses Wort in Zeitungen oder dem Fernsehen. Man muss sich jedoch vorerst fragen, was genau Fahrerassistenzsysteme sind.

Betrachtet man hier eine Definition der freien Enzyklopädie Wikipedia, findet man diese Aussage: „Fahrerassistenzsysteme (FAS – englisch: Advanced Driver Assistance Systems (ADAS)) sind elektronische Zusatzeinrichtungen in Kraftfahrzeugen zur Unterstützung des Fahrers in bestimmten Fahrsituationen. Hierbei stehen oft Sicherheitsaspekte, aber auch die Steigerung des Fahrkomforts im Vordergrund. Ein weiterer Aspekt ist die Verbesserung der Ökonomie"[1].

Wir wissen nun, dass ein Fahrerassistenzsystem den Fahrer unterstützen soll. Dies ist aber bei weitem keine tiefere Definition und bedarf weiterer Ausführungen. Dazu findet sich in Claus Dorrers Buch „Effizienzbestimmung von Fahrweisen und Fahrerassistenz zur Reduzierung des Kraftstoffverbrauchs unter Nutzung telematischer Informationen" eine weitere, ausführlichere Definition: „Die Begriffe „Fahrerassistenz", „Fahrerunterstützung" und „Fahrhilfe" werden

---

[1] Freie Enzyklopädie Wikipedia: Fahrerassistenzsystem.
http://de.wikipedia.org/wiki/Fahrerassistenzsystem. Abgerufen am: 15.12.2011

weitgehend synonym verwendet. Sie können [...] am treffendsten wie folgt umschrieben werden: „assistieren: jemanden nach dessen Anweisung zur Hand gehen." [E]in Fahrerassistenzsystem [handelt] nicht autonom. [...] In diesem Rahmen können Assistenzsysteme jedoch einen Teil der Steuerung oder Regelung von Aktuatoren im Fahrzeug übernehmen. Dies führt zum Verständnis, dass das Assistenzsystem dem Fahrer als elektronischer Kopilot zur Seite steht."[2]

Nachdem wir diese Ausführungen berücksichtigt haben, stellt sich nun heraus, dass genannten Sicherheitssysteme als Kopiloten fungieren, den Fahrer aber in der Ausübung seiner Tätigkeit nicht beeinträchtigt. Es stellt sich aber nun die Frage, was ein Kopilot im eigentlichen Sinne macht. Hier kann man als ein bildhaftes Beispiel den Rennsport zu Rate ziehen. Im Rallysport hat jeder Fahrer seinen Kopiloten. Dieser hat im Kern nur eine Aufgabe, die Unterstützung des Fahrers bei seiner Arbeit. Eben diese Unterstützung ist gerade bei diesem Sport aber mindestens so wichtig, wie die Fähigkeiten des Fahrers. Der Kopilot ist für das Überwachen der Straße verantwortlich und weist den Fahrzeugführer auf eventuelle Gefahrenstellen hin. Auch durch das Wissen über die Strecke kann der Beifahrer zweckmäßig auf auftretende und zukünftige Eigenarten hinweisen und so zur Unfallvermeidung beitragen. Es zeigt sich, dass ein Pilot im Rallysport ohne seinen Kopilot nicht bestehen könnte und dieser die Arbeit des Fahrers stark erleichtern kann. Geht man vom Motorsport weg zum Flugverkehr, denn hier tritt der Begriff Kopilot explizit auf, so offeriert sich eine weitere Aufgabe des Kopiloten. In Notsituationen oder bei Ausfall des Piloten muss dieser eingreifen.

Mit den genannten Ausführungen wurde herausgestellt, wofür Fahrerassistenzsysteme genutzt werden und inwiefern diese den Fahrer bei der Ausführung seiner Tätigkeit unterstützen können. Weiterhin zeigt sich wann diese Systeme in das Fahren eingreifen.

---

[2] Claus Dorrer: Effizienzbestimmung von Fahrweisen und Fahrerassistenz zur
Reduzierung des Kraftstoffverbrauchs unter Nutzung telematischer Informationen.
Renningen: Expert Verlag. 2004. S. 17

2.   Wofür Fußgängererkennung?

Nachdem geklärt wurde, um was es sich bei Fahrerassistenz handelt, wird hier auf Gründe und Nutzen des Systems der Fußgängererkennung eingegangen. Es soll deutlich werden, warum dieses System von so hohem Nutzen ist. Zuerst stellt sich die Frage, was den Menschen beim Fahren belastet und wie stark die Auswirkungen der Belastungen sein können.

Es ist allgemein bekannt, dass die Tätigkeit des Fahrens hohe Aufmerksamkeit erfordert. Es müssen gleichzeitig mehrere Tätigkeiten durchgeführt werden, die akkumuliert zu einer stetigen Belastung der Konzentration führen. So ist es von Nöten den Verkehr im Auge zu behalten, sich blitzschnell auf den Fahrstil anderer Fahrer einzustellen und Fußgänger zu berücksichtigen. Sämtliche Tätigkeiten im Fahrzeug, das Schalten, Lenken und die Bedienung der Elemente, müssen parallel zur Verkehrsbeobachtung durchgeführt werden.

An die oben genannten Belastungen reihen sich weitere Einflussfaktoren natürlicher Art. Die Witterung erschwert das Fahren weiterhin und auch Dunkelheit schränken die Sicht massiv ein. Temperatur unter dem Gefrierpunkt fordern den Fahrer weiter und verlangen einen umsichtigen und vorausschauenden Fahrstil, der noch stärker an der Konzentrationsfähigkeit zehrt.

Die Belastungen des Fahrens werden aber nicht nur durch äußerliche Einflüsse verstärkt. Auch der Mensch selbst ist durch biologische Grenzen nicht perfekt. Die sogenannte Schrecksekunde greift vor allem bei Gefahrensituationen und verhindert das richtige Verhalten sofort bei Auftreten dieser Situationen. Als Schrecksekunde bezeichnet man die Zeit, in der der Mensch vom Auftreten des Handlungsbedarfs über die Findung eines Lösungsansatzes bis hin zur eigentlichen Reaktion, die dann wieder die Bedienung des Fahrzeugs darstellt, benötigt um auf eben diese Gefahrensituationen angemessen zu reagieren. Diese Zeitspanne kann „bis zu 1,5 s bei überraschenden Situationen"[3] betragen. Somit ist es biologisch gesehen nicht möglich unmittelbar und ohne Verzögerung zu reagieren.

Auch das Alter des Fahrers spielt eine große Rolle. Mit zunehmendem Alter verändert sich die Fähigkeit Bewegungen korrekt wahrzunehmen. Eine Einschränkung des Sichtfeldes und auch die Abnahme der Sehschärfe verschlechtern die Fähigkeit des Führens eines Fahrzeugs. Aber nicht nur das Sehen, sondern auch der Gleichgewichtssinn leidet unter der Alterung. Der genannte Sinn ist in den Lebensjahren ab 60 auf die Hälfte seiner Leistung gefallen.[4]

Spricht man von den Eigenarten des menschlichen Fahrers, so muss berücksichtigt werden, dass der Mensch umgangssprachlich ein Gewohnheitstier ist. Durch regelmäßiges Fahren ohne größere, unvorhersehbare Situationen entsteht ein negativer Trainingseffekt. Der Fahrer gewöhnt sich daran, immer weniger kraftvoll zu bremsen und verliert damit teilweise die Fähigkeit für eine sinnvolle und zielführende Gefahrenbremsung. Der Mensch nutzt in diesem Falle nur wenige Prozent der verfügbaren Bremskraft. Laut einer Studie der AXA Winterthur Versicherung in der Schweiz könnten 62 Prozent der Unfälle, für die zaghaftes Bremsen verantwortlich ist, mit einer Gefahrenbremsung verhindert werden[5].

Alle genannten Einflüsse, sowohl äußerlicher, wie auch biologischer Natur, bieten Punkte an denen Fahrerassistenzsysteme anknüpfen können. Mit dem System der Fußgängererkennung wird die Grundlage für

---

[3] Hermann Winner, Stephan Hakuli, Gabriele Wolf: Handbuch Fahrerassistenzsysteme. Wiesbaden: Vieweg+Teubner Verlag. 2009. S. 14

[4] Vgl. Hermann Winner, Stephan Hakuli, Gabriele Wolf: Handbuch Fahrerassistenzsysteme. Wiesbaden: Vieweg+Teubner Verlag. 2009. S. 9

[5] Vgl. AXA Winterthur, Media Relations: Junge Autofahrer bremsen zu wenig stark. Winterthur. 2010. https://www.axa-winterthur.ch/SiteCollectionDocuments/ Medienmitteilungen/20101017-axa-ch-bremsen_de.pdf. Abgerufen am: 13.12.2011

Erweiterungen geschaffen. Die Erkennung von Passanten dient hier als Basis für Notbremsassistenten zur Überbrückung der Schrecksekunde oder bildet das „Dritte Auge" des Fahrers. Dieses Auge ist, gegensätzlich zum müde werdenden Menschen, jederzeit wach und aufmerksam.

3.   Anforderungen und Schwierigkeiten

Die Gründe für die Entwicklung eines Systems zur Erkennung von Fußgängern sind nun bekannt und dienen als Grundlage für die Betrachtung der Anforderungen an ein solches System. Eine Überlegung darüber, was eben dieses leisten können muss, ist essentiell wichtig um Soft- und Hardware zu entwickeln, die dem Fahrer die Aufgabenerfüllung bestmöglich erleichtert und damit Unfälle verlässlich vermeiden kann.

Eine der ersten auftretenden Anforderungen ist die Erkennung von Personen. Dies ist mit einem reinen Radarsensor nicht möglich. Der Passant wird zwar als Objekt erkannt, es kann aber nicht bestimmt werden, dass es sich wirklich um einen Menschen oder um ein anderes Objekt handelt. Aufgrund dieser Tatsache ist es essentiell wichtig, auf diese Schwierigkeit zu reagieren. Diese Erkennung muss selbstverständlich mit der Individualität eines jeden Menschen arbeiten können. So muss das System unabhängig von Größe, Kleidung oder Pose der Person sichere Ergebnisse liefern. Auch die Entfernung darf bei der Erkennung von Passanten keine große Hürde darstellen.

Nicht nur die Individualität eines Jeden spielt eine große Rolle in der Bewältigung der Schwierigkeiten bei dem System der Fußgängererkennung. Bei Tag sind Passanten leicht erkennbar, es kann aber dazu führen, dass Personen Objekten im Hintergrund ähneln können. Probleme zeigen sich weiterhin auf, wenn das Tageslicht nicht mehr vorhanden ist. Bei Nacht hat selbst das menschliche Auge Schwierigkeiten Passanten zu erkennen. Die robuste Erkennung von Fußgängern muss auch dann funktionieren.

Personen in ihrer Individualität und das Tageslicht müssen bewältigt werden. Betrachtet man komplexe Innenstadtsituationen, so bemerkt man, dass es weit mehr Schwierigkeiten gibt. Ein Ziel bei der Erkennung der

Fußgänger muss also eine Blickwinkelinvarianz sein. Die Passanten müssen unabhängig der eigenen Perspektive erkannt werden. Der Mensch befindet sich äußerst selten in einer idealen Erkennungsposition. Durch Objekte, wie Fahrzeuge oder ähnliches, werden diese Erkennungshürden erweitert. Teilweise werden die Passanten durch Objekte verdeckt und sind nicht im Ganzen sichtbar. Auch hier muss das System robust arbeiten und selbst verdeckte Personen erkennen. Weiterhin kann durch Schätzungen der eingenommenen Pose eine „sinnvolle Reaktionsstrategie"[6] erstellt werden. Durch die erkannte Pose ist es dann möglich die Bewegungsrichtung zu errechnen.

Bei der großen Datenmenge die hier entsteht benötigt man eine passende Hardware. Die Detektionsprozesse um Fußgänger korrekt zu erkennen benötigen große Ressourcen. Eine Parallelisierung der Rechenprozesse ist in dem Falle unabdingbar und können nicht nur durch CPUs sondern auch durch moderne Grafikkarten erreicht werden. Beispiele sind hier „moderne Programmierparadigmen"[7] der Grafikkartenhersteller Nvidia und ATI.

---

[6] Hermann Winner, Stephan Hakuli, Gabriele Wolf: Handbuch Fahrerassistenzsysteme. Wiesbaden: Vieweg+Teubner Verlag. 2009. S. 224
[7] Ebd. S. 234

4. Bestandteile des Systems

Mit dem Wissen, welche Schwierigkeiten und Anforderungen gemeistert werden müssen, kann man die nötigen Komponenten des Systems herleiten und die nötigen Eigenschaften dieser Bestandteile bestimmen.

Zuerst ist es von Nöten die vor dem Fahrzeug befindlichen Objekte auch zu erkennen. Dazu bietet sich ein bereits durch andere Assistenzsysteme genutzte Technologie an. In den Grill des Fahrzeugs wird ein Radarsensor verbaut, der stetig das Vorfeld des Fahrzeugs scannt. Dieser Scan beruht physikalisch gesehen auf dem Doppler-Effekt. Dadurch können Abstand oder sogar die Geschwindigkeit, falls vorhanden, des vor dem Fahrzeug befindlichen Objekts[8] errechnet werden.

Erkennt das Radarsystem ein Objekt im Vorfeld, übernimmt eine hinter dem Rückspiegel verbaute Kamera die weitere Definition des Objekts. Die genannte Kamera benötigt eine Auflösung von 640 x 480 Pixel um eine robuste Erkennung zu gewährleisten. Hat man Kameras mit einer geringeren Auflösung, so werden die einzelnen Bildpunkte zu groß und es kommt so zu Ungenauigkeit. Die Kamera kann auch infrarotbasiert sein, um gerade bei Nacht eine bessere Performanz zu erreichen.

Um das System zweckmäßig zu nutzen, kann auch ein Head-Up Display zur Warnung vor Gefahren verbaut werden. Dieses wird dann mit einer akustischen Unterstützung erweitert und bietet dann eine optische, in Form eines markanten, roten Lichts, und eine auditive, in Form eines lauten Tons, Warneinrichtung vor Unfällen.

Es zeigt sich, dass das eigentliche System der Fußgängererkennung durch die Kamera abgedeckt wird. Radar und Head-Up Display bieten jedoch die nötigen Erweiterungen zur sinnvollen Nutzung des Systems.

---

[8] Vgl. Johannes Wiesinger: Adaptive Cruise Control ACC.
http://www.kfztech.de/kfztechnik/sicherheit/acc.htm. Abgerufen am: 14.12.2011

5.   Ansätze zur Fußgängererkennung

Im letzten Abschnitt zeigte sich, dass die Kamera die wichtigste Komponente des Systems ist. Gleichzeitig stellt genau dieses eine weitere Hürde in der Funktion der Fußgängererkennung dar. Im aufgenommenen Bild der Kamera muss nun durch die Software eine Suche nach Objekten und Passanten durchgeführt werden. Genau hier setzt der eigentliche Kern, der Erkennungsalgorithmus an.

Im Grundsatz gibt es hier drei verschiedene Ansätze um die Erkennung im Videobild zu verwirklichen:

- „Sliding-Window"-Ansätze
- Systemorientierte Ansätze
- Merkmalspunkt- und körperteilbasierte Ansätze[9]

Im Folgenden werden zwei Ansätze weiter beleuchtet. Im ersten Teil soll es hier um die „Sliding-Window"-Ansätze gehen. Danach sind die Merkmalspunkt- und körperteilbasierte Ansätze Teil der Betrachtung.

5.1 „Sliding-Window"-Verfahren

Das hier zu betrachtende Verfahren erstellt ein „Fenster vordefinierter, fester Größe"[10] und bewegt dieses „sukzessiv über das Eingabebild"[11]. Dies wird in Abbildung 1 deutlich. Dabei wird in jedem Ausschnitt überprüft, ob sich in ihm ein Fußgänger befindet, oder eben nicht[12].

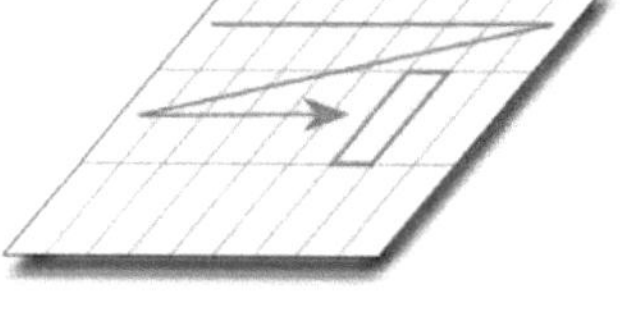

Abbildung 1

---

[9] Vgl. Hermann Winner, Stephan Hakuli, Gabriele Wolf: Handbuch
Fahrerassistenzsysteme. Wiesbaden: Vieweg+Teubner Verlag. 2009. S. 223
[10] Ebd. S. 224
[11] Ebd
[12] Vgl. Ebd.

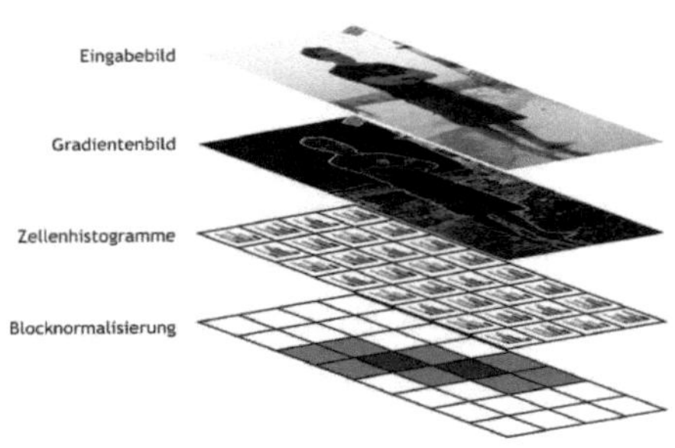

Abbildung 2

Eines der Prüfverfahren, welches in jedem Ausschnitt abläuft bezeichnet man als „Histogramme über Gradientenorientierung (HOG)"[13]. Im Verlauf dieses Verfahrens werden verschiedene grafische Berechnungen auf Grundlage des Eingabebildes durchgeführt. Abbildung 2 stellt den Ablauf grafisch dar.

Zuerst berechnet die Software ein Gradientenbild. Dazu werden in x- und y-Richtung Gradienten berechnet.[14] Diese dienen als „Kantendetektor". In Abbildung 2 sieht man, dass die Kanten, die einen Helligkeitsanstieg im Eingabebild darstellen, den Umriss der Person definieren. Im darauffolgenden Schritt erstellt die Software einzelne, vordefinierte Zellen und berechnet in diesen Histogramme[15]. In den Zellen wird hier die Häufigkeit der Farbverteilung bestimmt und dient zur Erkennung gleich- oder ähnlichfarbener Flächen. Abschließend „werden alle Zellenhistogramme bezüglich der Nachbarzellen normalisiert"[16]. Dieses Normalisieren dient dazu, Belichtungsunterschiede, welche lokal auftreten können, auszugleichen[17]. Legt man die durch die Zellenhistogramme entstandenen gleich- oder ähnlichfarbenen Flächen auf die Kantendetektion, welches das Ergebnis des Gradientenbildes ist, so erkennt das System mit hoher Performanz den Fußgänger.

---

[13] Hermann Winner, Stephan Hakuli, Gabriele Wolf: Handbuch Fahrerassistenzsysteme. Wiesbaden: Vieweg+Teubner Verlag. 2009. S. 226
[14] Vgl. Ebd.
[15] Vgl. Ebd.
[16] Ebd.
[17] Vgl. Ebd.

Ein weiteres Verfahren innerhalb der „Sliding-Window"-Ansätze wird als „Shapelets" bezeichnet. Der Ablauf des genannten Verfahrens wird in Abbildung 3 gezeigt und basiert, wie das HOG-Verfahren, auf Gradienten. Der Erkennungsalgorithmus berechnet in vier Richtungen die Gradienten des Bildes. Die Richtungen sind 0°, 90°, 180° und 270°[18]. Anhand der Gradienten, also der Helligkeitsanstiege, im Ausgabebild entsteht damit die grobe Silhouette eines Menschen und erkennt diesen als Fußgänger.

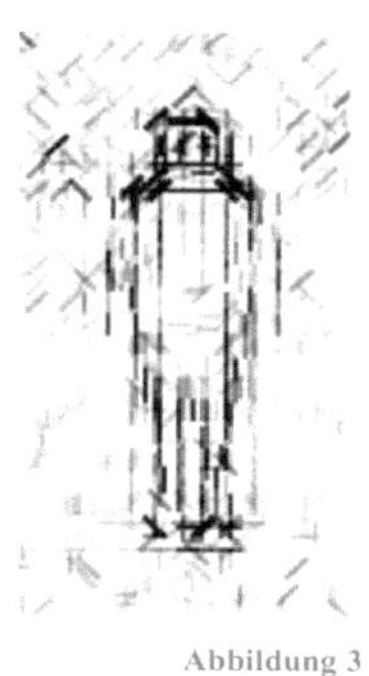

Abbildung 3

5.2 Merkmalspunkt- und körperteilbasierte Ansätze

Neben der „Sliding-Window"-Ansätze existieren die Merkmalspunkt- und körperteilbasierten Ansätze. Diese zeichnen sich dadurch aus, dass diese, im Gegensatz zur ersten Methode, das gesamte Eingabebild betrachten und nicht ein einzelnes Fenster.

Als Grundlage für das System, dass hier betrachtet wird, dient ein „visuelles Wörterbuch"[19]. Im Speicher dieses Wörterbuchs findet sich eine „Ansammlung von Objektbestandteilen, die aus einer Trainingsmenge von Bildern extrahiert werden"[20]. Dies bedeutet also, dass mit Hilfe des Wörterbuchs Bestandteile gesucht werden und nicht explizit einzelne Personen. Genannte Bestandteile sind Körperteile von Menschen. Dadurch ist es möglich auch verdeckte Fußgänger zuverlässig zu erkennen und sogar die Bewegungsrichtung aufgrund der Pose zu bestimmen.

---

[18] Vgl. Hermann Winner, Stephan Hakuli, Gabriele Wolf: Handbuch
   Fahrerassistenzsysteme. Wiesbaden: Vieweg+Teubner Verlag. 2009. S. 226
[19] Ebd. S. 229
[20] Ebd.

Auf dem Eingangsbild werden Merkmalspunkte, also explizite und markante Punkte, gesucht. Siehe dazu Abbildung 4. Sind diese bestimmt, werden sie mit der Datenbank des visuellen

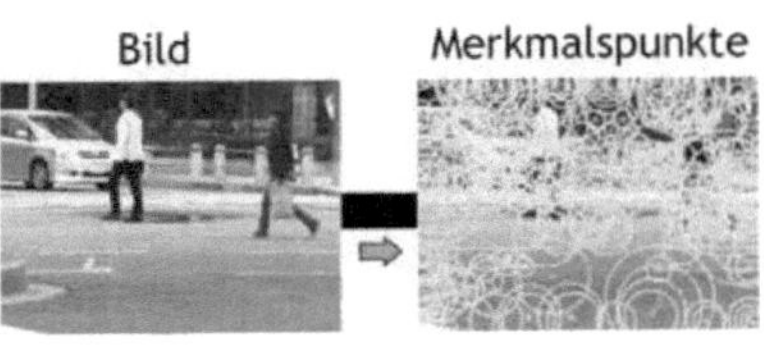

Abbildung 5

Wörterbuchs abgeglichen[21]. Anhand des Bezuges der Merkmalspunkte und der erkannten, mit dem Wörterbuch übereinstimmenden, Objekte zueinander, ein Kopf wird nicht unter einem Arm sein, werden die Ergebnisse mit der größten Wahrscheinlichkeit als Treffer klassifiziert[22]. Abbildung 5 verdeutlicht den Vorgang. Aus den Merkmalspunkten ergeben sich die Position und die Größe des Fußgängers. Daraus lässt sich auch die Entfernung zum Objekt bestimmen. Um die

Abbildung 4

Erkennungsrate bei diesem Verfahren noch zu erhöhen, werden die Treffer noch mit Silhouetten von Passanten verglichen. Dadurch können auch eventuelle Falschmeldungen verringert werden[23].

Betrachtet man die beiden hier gezeigten Ansätze zur Erkennung von Fußgängern, so sieht man, dass diese grundverschieden sind. Dennoch gelten beide Systeme als äußerst zuverlässig und robust. Sie decken die oben genannten Forderungen und können die Schwierigkeiten sehr gut meistern. Bei einer Falscherkennungsrate von 0,3 bis 5 pro Minute[24] kann man durchaus von einem verlässlichen System sprechen.

---

[21] Vgl. Hermann Winner, Stephan Hakuli, Gabriele Wolf: Handbuch
    Fahrerassistenzsysteme. Wiesbaden: Vieweg+Teubner Verlag. 2009. S. 226
[22] Vgl. Ebd.
[23] Vgl. Ebd. S. 230
[24] Vgl. Ebd. S. 235

6.   Praktische Nutzung

Nachdem die Bestandteile des Systems erklärt und die Ansätze zur Erkennung näher beleuchtet wurden, soll hier eine praktische Anwendung der Fußgängererkennung genannt werden.

Das Fahrerassistenzsystem Fußgängererkennung wird beim Automobilhersteller Volvo verwendet und tritt dort als „Pedestrian Detection with Auto-Brake" in Erscheinung. Hier wird, wie bereits vorher erklärt, der Bereich vor dem Fahrzeug mit Radar gescannt und mit einer Videokamera beobachtet. Sollte sich, gerade in der Innenstadt, eine Person vor das Fahrzeug bewegen und eine Kollision zwischen Passant und Fahrzeug bei Nichthandeln des Fahrers eintreten, so warnt das System per Head-Up Display mit akustischer Unterstützung den Fahrer. Gleichzeitig wird die Bremsanlage in einen bremsbereiten Zustand gebracht. Die bedeutet, dass bereits bei der Warnung ein geringer Bremsdruck aufgebaut wird. Reagiert der Fahrer in genannter Situation nicht, so wird durch das Assistenzsystem eine Gefahrenbremsung durchgeführt. Sollte der Fahrer reagieren, aber nicht stark genug bremsen, unterstützt Auto-Brake die Bremsung und die optimale Bremswirkung wird erreicht[25].

„Pedestrian Detection with Auto-Brake" ist also ein System, dass ohne die Fußgängererkennung nicht funktionieren kann. Durch die Daten der Fußgängererkennung kann ein Unfall besonders in Städten wirkungsvoll vermieden werden.

---

[25] Vgl. Erik Coelingh, Lotta Jakobsson, Henrik Lind, Magdalena Lindmann: Collision Warning With Auto Brake – A Real-Life Safety Perspective. http://www-nrd.nhtsa.dot.gov/pdf/esv/esv20/07-0450-O.pdf. Abgerufen am: 14.12.2011

7.　Fazit

Abschließend zu den bisherigen Betrachtungen gilt es nun das Fahrerassistenzsystem Fußgängererkennung kritisch zu betrachten und dessen Nutzen zu bewerten. Dabei sollen sowohl Vor- als auch Nachteile herausgestellt werden.

Angesichts der Nutzbarkeit des Assistenzsystems Fußgängererkennung kann man feststellen, dass es sich hierbei durchaus um einen nützlichen Kopiloten handelt. Die Aufgabe der Überwachung der Straße erfüllt dieses System zu jeder Zeit. Treten bei der Überwachung unerwartete Gefahren auf, kann das System durch Head-Up Display und zugehörigem Warnton adäquat darauf aufmerksam machen. Sollte sich bei dieser Gefahrenstelle eine Kollision abzeichnen, greift das System ein und bestätigt die Funktion als Kopilot.

Sieht man die Nutzung durch den Automobilhersteller Volvo, kann man durchaus von einer Serienreife sprechen. Mittlerweile wird in nahezu alle neueren Modelle ein solches System verbaut und zeigt den soliden Entwicklungszustand.

Obwohl das System einen sehr zuverlässigen und äußerst nützlichen Anschein macht, so gibt es auch hier diverse Schwachstellen und Grenzen. Wie bereits genannt, kann während des Detektionsverfahrens eine Unsicherheit auftreten. Das führt dazu, dass auch Fehlermeldungen entstehen und der Fahrer vor nicht vorhandenen Gefahrenstellen gewarnt wird.

Nicht nur Schwachstellen zeigen Nachteile und Unsicherheiten auf, sondern auch die Grenzen der Technik. So ist es nicht möglich in einer Entfernung über 25m effektive und robuste Ergebnisse zu liefern. Damit ist klar erkennbar, dass dieses Fahrerassistenzsystem nur für den

Stadtverkehr nutzbar ist, aber auch nur für dieses entwickelt worden ist.

Zusammenfassend ist zu sagen, dass das Fahrerassistenzsystem Fußgängererkennung befähigt ist, das Unfallrisiko bei Stadtverkehr effektiv zu verringern. Durch Erweiterung mit Brems- und Lenkassistenten wird mehr Sicherheit für Fußgänger erreicht und ist damit eine sehr sinnvolle Entwicklung für Fahrzeuge. Die Arbeit, die es als Kopilot des Fahrers vollführt, ist, trotz einiger Schwächen, zuverlässig und robust und erleichtert das Fahren. Es ist dennoch unabdingbar konzentriert, vorausschauend und umsichtig zu fahren, denn dies kann durch kein Fahrerassistenzsystem ersetzt werden.

8.   Literaturverzeichnis

AXA Winterthur, Media Relations: Junge Autofahrer bremsen zu wenig stark. Winterthur. 2010. https://www.axa-Winterthur.ch/SiteCollectionDocuments/Medienmitteilungen/ 20101017-axa-ch-bremsen_de.pdf. Abgerufen am: 13.12.2011

Erik Coelingh, Lotta Jakobsson, Henrik Lind, Magdalena Lindmann: Collision Warning With Auto Brake – A Real-Life Safety Perspective. http://www-nrd.nhtsa.dot.gov/pdf/esv/esv20/07-0450-O.pdf. Abgerufen am: 14.12.2011

Claus Dorrer: Effizienzbestimmung von Fahrweisen und Fahrerassistenz zur Reduzierung des Kraftstoffverbrauchs unter Nutzung telematischer Informationen. Renningen: Expert Verlag. 2004.

Johannes Wiesinger: Adaptive Cruise Control ACC. http://www.kfztech.de/kfztechnik/sicherheit/acc.htm. Abgerufen am: 14.12.2011

Hermann Winner, Stephan Hakuli, Gabriele Wolf: Handbuch Fahrerassistenzsysteme. Wiesbaden: Vieweg+Teubner Verlag. 2009.

Freie Enzyklopädie Wikipedia: Fahrerassistenzsystem. http://de.wikipedia.org/wiki/Fahrerassistenzsystem. Abgerufen am: 15.12.2011